图手创意

手机时代的跨界艺术

草雨 著

U0332451

2017.9

人民美术出版社
北京

草雨手机图像，一种融合了人文眼光、手机摄影和图像处理的跨界艺术作品。

作者简介

　　曹宇，笔名草雨，1964年出生于李白故里四川省江油市，毕业于复旦大学新闻系和中国社会科学院研究生院新闻系。1989年到深圳，曾在深圳市委宣传部、深圳市文化局（新闻出版局、版权局）工作，2004年起任深圳发行集团（现为深圳出版发行集团）副总经理。广东省作家协会会员、广东省版权保护协会理事、广东省数字出版联合会副会长。曾任深圳市出版业协会会长，现为深圳市阅读联合会副会长、深圳大学传播学院客座导师、北京印刷学院客座教授。

　　大学和研究生时期开始在《人民日报》等报刊上发表文章，到深圳后在本地媒体上开过专栏，在《新闻战线》《中国出版》《出版发行研究》等行业和专业杂志上发表过一批业务文章。出版有散文随笔、言论杂谈集《文心雕虫》，域外专著《走入欧洲：一个当代中国人的西行漫记》，以及学术著作《市场经济下的报业扩张》等图书。近期以草雨名义创作的手机图像作品引人注目。

序

胡野秋

如果有人说今天进入了"手机轴心时代",应该是没人会反对的,因为此刻反对者的手里一定也拿着一部这玩意儿,想反对除非扔了它。我仔细想了想,古往今来似乎还没有一样工具能如此广泛地覆盖所有人群,不分男女,不分老少,不分国家,不分敌我,人手一机地高频率使用,谁能给我举出比手机更通用的工具?刚刚看完一部电影《冈仁波齐》,描写一群西藏最偏远地区的农民,为了还愿徒步叩着长头去往一千多公里以外的拉萨和冈仁波齐朝圣,这些与现代社会几乎绝缘的藏民,在四肢匍匐、长跪叩首的路途中,也会掏出手机和家里通话,让观众觉得讶异不止。

而人人都有的东西,却又似乎最难玩出新意,因为总有人会翻出新花样。比如手机摄影功能,几乎让每个人都成为摄影师,甚至大有消灭职业摄影师的态势。有个做 IT 的朋友告诉我,现在每天在移动终端上，图像上传正以加速度超越文字，互联网公司当今都在为存储图像而发愁，进而为了服务器的容量增大去发明新的技术和寻找新的材料。

但就在这个人们认为最难突破的领域，却有一个人闯了进来，带着这本《图手创意》极速穿越而来。不错，就是这个草雨。

最初我是从手机上接受草雨手机图像作品的，当时我正在北京为我的第一部电影导演作品做后期剪辑，每天在制作公司和剪辑师、录音师们忙得昏天黑地，某个夜晚"铛铛铛"地收到一堆微信，以为自己又被谁生拉硬扯进了一个群。晚上回到酒店一看，是这兄弟发来的图像，先是漫不经心地浏览，不一会儿阅读节奏放慢，从浏览变成了欣赏。我承认这些看似随意的手机图像让我惊讶，我的睡意被驱散。

我和草雨认识的年头不算短，前后有二十多年，草雨当然是他的笔名，这个笔名颇有一丝浪漫的艺术气息，似乎也表达着他的某种向往，但他的工作性质却让这种向往难以实现。初到深圳时我办过一份杂志，他那时是政府部门管理媒体的官员，毕业于复旦大学和中国社会科学院研究生院等名校，年纪虽轻却谈吐不凡，谦和儒雅中又透着一丝清高。我对官员始终是敬而远之的，可是我后来创办过一家版权代理公司，他正好那时工作又给调到了版权处，这就注定了我俩有更多的来往。走近草雨，发现他的身上仍然没有褪尽书生气，心思缜密却与人为善，于是经常饮茶聊天，发现他在办公室之外还是相当率直可爱的，处处才气毕现。我觉得他如果坚持做自己的专业，也许会有更大的成就，可惜名缰利索这玩意常常会绊住人，而且绊住的往往都是聪明能干的主儿。他也时常流露出羡慕自由工作的状态，但羡慕完了还得去履行他的一大堆职责，他和"自由"之间的联系就只能体现在"草雨"这个苍翠欲滴的笔名上。

至少在他当公务员期间，我时常在当地媒体上看到他发表的文章甚至开的小专栏，但他到国企工作后就少有文字作品发表了。直到这次他把这本像手机一样轻盈的书稿扔到我的面前，我才知道他一直都在试图从刻板的生活中挣脱出来，找到能发挥自己长处的方向，做点自己想做的事。这些图像从手机投射到纸本上，让我更加系统和从容地阅读这些色彩斑斓的景象，我从这些题材丰富、主题旁逸、内涵深刻、构图独特的手机图像中，试图重构草雨取景的视角，解读草雨深藏的内心。

他把他的这些作品称之为"手机图像作品"，而非"手机摄影作品"。在他看来二者之间有着根本的差异，他认为"手机摄影"更多地以客体作为审美和创作的对象，而"手机图像"则更多地强调主体意愿的表达，客观对象无非只是主观表达的一个载体。在我看来，他的"图像"里已经包含了"图像处理"的概念，"图像"不仅仅是个名词，实际上已经是个动词了，或者叫动名词。这是草雨赋予手机摄影的一个新的功能，因为这个功能，手机摄影已经脱离了简单的工具性，具有了艺术生产的创意性。

我最感兴趣的是他的一些富有哲理的作品。有一幅作品叫《人生的 T 台》。貌似在一场时装秀上随手一拍，一位小姐穿着艳丽的模特服，独自一人落寞地行走在蜿蜒的马路上，远处是一对携手而行的老伴儿的背影。本来仿佛毫不相干的人，被他用"相知相携不徘徊，人生之路作 T 台"两句话，一下子把二者连缀了起来，立刻形成反差和对比，让人联想甚多。还有一幅《闪光的岁月》，镜头下的废弃汽车和巨大的躺在脚下的"会议室"招牌，仿佛向我们讲述一个逝去的时代。同类作品中的《钢铁不语》《凯歌已碎》等，都隐喻了工业文明的钢筋混凝土遗迹正被岁月瞬间抹平，读来有一丝伤感。《当悲痛已成往事》中那个印第安人背对夕阳下的方尖碑，脸上的沧桑厚重如铅。

草雨作品中大量的风景美图，让我重新认识这位并非以艺术作为专业和职业的企业管理者。这些作品极具视觉冲击力，如《天之瞳》《精灵之舞》等，发散出大自然的灵性，美得让人近于窒息。无论从拍摄时的构图光线还是特效处理时的娴熟手法，都使我对他刮目相看。他在作品中除了表现出深刻和省思，还展现出幽默的潜质、宽广的知识面和悲天悯人的心地，如《一个都不能少》《家长里短》，从人物到宠物，都让人掩卷大笑。《梦露作品1号》抵达行动派这一西方现代绘画流派，而《大眼睛女孩》等作品则是他将其手机图像作品用于公益新闻报道的尝试。这些作品如阳光般喷薄而出。

全书由四个部分组成——"乐图""美图""深图""企图"。从字面上就知道，它们融合了开心快乐、优美雅致、深刻哲思、文化企划等不同类别。此类作品但求给大家带来开心一笑，为生活添彩，给工作减压。没有什么宏大的叙事，也无需沉重严肃解读，而是让艺术形式直抵生活本质。

我因为诸事缠身，这篇序还是在旅途中写完的，草雨在电话中兴奋地告诉我，他为本书图片所配的文字已完全偏离了传统作品集看图说话的方式，而是写成了与图片若即若离的人文随笔，甚至可以反过来说是图片在配这些文字。但是我已不能为此等待，我相信身为广东省作家协会会员的草雨，有这个能力写出精彩的文字，何况这些年他的积累以如此方式爆发也属情理之中。这就如同抽刀断水，我这篇序就停留在他的图像作品评论上了。

很多读书人都在担心，在网络阅读的今天，纸本阅读正在走向末路，但也有一些乐观者认为，纸本阅读永远不会消亡，未来纸本阅读大约可以成为判断一个人是否拥有高雅生活的分水岭，在人人都上网的时候，捧一本书会重新成为时尚。近两年的出版业确实有一些微妙的变化，纸质书的总量仍然在攀升，关键是书的外观有了质的飞跃，现在越来越多的读者选书时除了看作者、内容等之外，更加注重书籍的设计、装帧，未来粗糙的书会死掉，而精品书会活得很好。草雨作为书业中人，自然深谙个中之道，他的作品全部是在手机上完成拍摄和图片处理的，因此他把书设计成了一个手机的样子，让人充满盈盈一握的冲动。书页的细节也和手机千丝万缕地相连。这是不是中国第一本真正意义上的手机书，我尚不敢说，但此书选择在当今这个"手机轴心时代"出版，不能不说是一个聪明的举动。聪明人在任何时代都会干聪明的事，是之谓也。

不知为何，此时脑子里又浮现出电影《冈仁波齐》里的画面，藏民在朝圣路上拿着手机和亲人通话，浑然忘却身边的险境。我想草雨的心中也一定有他的冈仁波齐神山，他在用自己的方式朝圣，同样需要虔诚，同样需要坚持，虔诚和坚持的结果，就是纯洁无瑕的冈仁波齐在他的面前展露自己神秘的封顶，那闪耀着地球之光的皑皑白雪，让所有朝圣路上的艰辛化为乌有。

2017 年 06 月 25 日　深圳

目录

辑一 乐图

如影随形 ·················· 3

吊你胃口 ·················· 4

垂涎欲滴／能量转移的实证主义研究 ·················· 5

吃定你了 ·················· 6

好酒得上硬菜 ·················· 7

D 调的华丽 ·················· 8

不忍排放 ·················· 9

俺踢馆来也 ·················· 10

创意的天河 ·················· 11

飞跃冰河／欢庆胜利 ·················· 12

一个都不能少 ·················· 13

重度烟斗癖 ·················· 14

何事惹恼丘吉尔 ·················· 15

"秒杀"陈坤 ·················· 16

与陆羽一起品茶 ·················· 17

幕后高参 ·················· 18

屋里屋外 ·················· 19

家有熊孩子 ·················· 20

店小二来着／失落的滋味 ·················· 21

咕咚一声飞了 ·················· 22

光头何惧毛毛雨 ·················· 23

借我慧眼／非诚勿扰 ·················· 24

坐哪都能成佛 ·················· 25

笑比弥勒 ·················· 26

一比千年 ·················· 27

艳得俗了 ·················· 28

夜晚发生的对决 ·················· 29

请君入笼 ·················· 30

没事偷着乐 ·················· 31

解压之路 ·················· 32

九曲通幽 ·················· 33

还是靠着墙实在 ·················· 34

马后炮 ················ 35

偷师毕加索 ················ 36

看不明白 ················ 37

先卖个萌 ················ 38

你比我凶，我比你乖 ················ 39

无水之问 / 山下来客 ················ 40

别再 P 了 ················ 41

肇事者的密谋 ················ 42

最是那凝望你的眼 ················ 43

撒丫子跑 ················ 44

家长里短 / 千里相送，终有一别 ················ 45

猫猫狗狗的那些事儿 ················ 46

辑二　美图

时光碎裂 / 有竹则宁 ················ 49

梦里不知身是客 ················ 50

夜宿秦淮 ················ 51

红雨随心翻作浪 / 冷眼幻象 ················ 52

路遇悲伤 / 雨夜一幕 ················ 53

寒夜单骑人未归 ················ 54

明朝来此醉东风 ················ 55

酒不醉人人自醉 ················ 56

小雨中的回忆 ················ 57

迎风而立 / 逆风而舞 ················ 58

云儿之死 / 阿波罗之光 ················ 59

花舞天韵 / 天漏了 ················ 60

天之瞳 / 天睁眼 ················ 61

极地落日 ················ 62

白云之路可上九天 ················ 63

白云漫过山冈 / 冰封的记忆 ················ 64

雪地绝尘 / 雪花漫卷佳作飞 ················ 65

天大地大任我行 / 极简画风 ················ 66

冰河上的马车夫 ················ 67

生命中的 X 坐标 ················ 68

瑞雪兆丰年 ················ 69

追光一族 ················ 70

蚀 ················ 71

且有花草夜语 ················ 72

好大一泡茶 ················ 73

灯影依旧桨声息 …………………… 74

秦淮月色 ………………………… 75

古寺月光 ………………………… 76

年味已浓 ………………………… 77

桨声橹影菜花香 ………………… 78

婆姨的船儿我的梦 ……………… 79

星空恋曲 ………………………… 80

云时代，霓裳舞 ………………… 81

精灵之舞 ………………………… 82

飞檐走壁 ………………………… 83

辉煌的体育 ……………………… 84

"墙裂"反弹 ……………………… 85

素描透视训练 …………………… 86

水彩透视写生 …………………… 87

歌剧魅影 / 静物写生 …………… 88

推开幸福那扇门 ………………… 89

闲居坐看鹿回头 ………………… 90

辑三　深图

径直出发 ………………………… 93

星月传奇：一座城市的生长 …… 94

未来世界之门 …………………… 95

星际旅行 ………………………… 96

乌泱泱的人流是你的痛点 ……… 97

定格问路者 ……………………… 98

高大上之路 ……………………… 99

擎天卫士 ………………………… 100

品牌的舞台 ……………………… 101

钢铁不语 ………………………… 102

凯歌已碎 ………………………… 103

闪光的岁月 ……………………… 104

饥饿回忆轰然碎裂 ……………… 105

历史的坐标 ……………………… 106

走下神龛 ………………………… 107

智者择良木而栖 ………………… 108

天地之气 ………………………… 109

别有洞天 ………………………… 110

归途如画 ………………………… 111

和平岁月 ………………………… 112

举起森林般的手 ………………………… 113

人生的 T 台 ……………………………… 114

吞噬 ……………………………………… 115

步履匆匆 ………………………………… 116

仿孔子说 ………………………………… 117

梦露作品 1 号 …………………………… 118

当悲痛已成往事 ………………………… 119

目光阴郁 ………………………………… 120

羊羔碎裂的声音 ………………………… 121

食欲站在高高的山冈 …………………… 122

幽闭恐惧症的午夜视像 ………………… 123

孤独的周末 ……………………………… 124

匍匐以待万古光芒 ……………………… 125

舞动乾坤 ………………………………… 126

太极之形 ………………………………… 127

几何世界，人生几何 …………………… 128

似乎听到碎裂的声音 / 窥底 …………… 129

生命的热舞 ……………………………… 130

城市夜色 ………………………………… 131

城市幻象系列 …………………………… 132

巷深背影长 ……………………………… 134

辑四　企图

作者题记 ………………………………… 137

大理图书馆 ……………………………… 138

大眼睛女孩 ……………………………… 140

前海行：建筑的旋律 …………………… 142

小陶人系列 ……………………………… 144

小红人系列 ……………………………… 147

羊晚产业园系列 ………………………… 148

289 艺术园系列 ………………………… 150

1980 产业园：民治园区系列 / 见证变迁系列 …… 152

深圳书城系列 …………………………… 157

辑一　乐图

如影随形　　　　　　　　　　　　　　　　技术指数 ★ ★ ★

【创意手记】

　　以此图作为本书开篇似乎别无选择。去年底，我在人民美术出版社一间极小的业务洽谈室与编辑初次接洽出版事宜，离开时用手机随手一拍，想现场做个图。人去屋空，几分凌乱伴着些许烟雾，我只能从天花板的吊灯与下面的桌椅去构造一种内在关系。3分钟后就有了这件作品，让现场的人着实吃惊。我不是说本书出版是经过了这样的一次面试，玩笑而已——其实倒也意味着这种手机图像创作方式从此与我紧紧相连，如影随形。

吊你胃口 技术指数★

【创意手记】

　　南京夫子庙秦淮风光带名闻遐迩，尤其云集了太多的江南名小吃。夜色中但见秦淮小吃城的灯笼吊旗在半空中习习舞动，暖红色的光撩动着人们的食欲。此件作品由此产生，基本上无技术含量，但作品名称与图的绝配足以让你开心一笑。

　　吊你胃口，此图作为本书第二件作品，大抵也有这个意思。

垂涎欲滴／能量转移的实证主义研究　　　　技术指数★★

【创意手记】

　　两件作品都事关吃，所以摆在一起。上面的作品拍的是酒家的中空天花，玻璃吊灯被处理成一滴一滴的巨大唾液，或者说像是模拟味蕾的艺术化美图，又是在吊你胃口。下面的作品，说白了就是吃涮羊肉，逗你乐的不仅是图片被虚化处理，以及透射出光芒的艺术表达方式，还有作品名称所带来的语言的狂欢。

　　至于羊肉确实大补，人吃后能量爆棚到发出看不见的光，那倒真的是科学家们进行实证研究的事儿了。

辑一　乐图

5

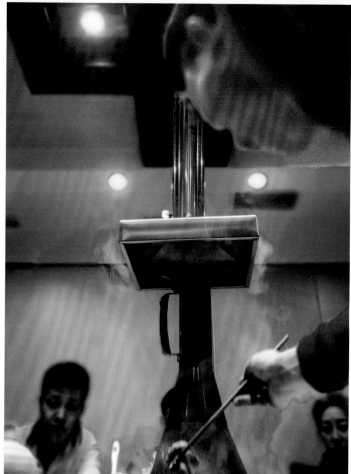

吃定你了   技术指数 ★ ★

【创意手记】

　　还是羊肉火锅，也算一菜几吃吧。所谓吃定你，在江湖上有江湖的解释，就是浑不论盯上你，欺上你了，爱咋咋地。涮羊肉，关键在那一个涮字，我们大可展开想象，从羊这个角度而言是怎样一种饱受煎熬的痛苦，不过这种差事属于文学。

　　作品创意妙在内容的社会学寓意，其实大可不必深究，还是老话，开心一笑而已，至于构图之别致，又当另论。

好酒得上硬菜 技术指数★★

【创意手记】

好马须配好鞍，好酒得配好菜。此酒是否好酒并不重要，但以好菜相配则是必须的。萝卜白菜，各有所爱。所谓好菜，标准不一。硬者，过硬也，一定是真家伙，好东西。硬菜即好菜说不通，但当人们说上硬菜时，你绝不会理解为是一盘难啃的骨头吧。

听到酒桌上这样说硬菜，忍俊不止。

D 调的华丽 技术指数★★

【创意手记】

　　这是一家豪华餐馆与另一家"低调高手"的店招融合在一起的情景，我借"低调"与"D 调"两字同音，硬生生地把周杰伦扯进来。《D 调的华丽》是周董出版的一本书，热卖到爆。虽然周董的歌我基本上听不懂几个词，但不妨碍我从他的这个书名联想到另一种人生态度。这就是低调，低调，低调。重要的事必须说三遍。

　　大凡成功人士，名流大腕，你看他们多低调得不行。还是扯回来。把两个领域的词因为谐音扯到一起，往往也是创意的原点。

不忍排放

技术指数★★★

【创意手记】

　　纯美之地呼伦贝尔，大雪之后更加纯净，美得让人种种不忍。本就干净的空气，在雪白的世界里，汽车的尾气似一缕缕蓝烟，让人看得分明。

　　创意产生后，我对图片作了一点技术处理，其中用到了一种人们不太常用的软件，有虚有实，基本上表达出了作品的内容支点。

不忍排放尾气

俺踢馆来也　　　　　　　　　　　　　　　　　　技术指数 ★ ★ ★

【创意手记】

　　某家书法太极会所室内设计得相当有文化气息，这条以木栅栏间隔的过道边，是一排类似石膏的现代雕塑，具体是什么我也没搞懂，正因为此，我可以赋予其任何拟人化的动物。那身形，那憨态，自然想到了功夫熊猫。接下来的事就简单了。

　　这就是创意产生之中最为常见的一种，由其外部形态着眼，让脑海中的知识点与此相联，达到一种耦合，就成了。

创意的天河   技术指数★★

【创意手记】

　　位于广州天河区的一家艺术产业园，系生产厂房改建而成，空间不大而匠心独运，在每一个细节上求创意。这是原来车间的送风道，没作任何改管工程，索性就将其改为创意十足的天花面。朵朵白云似浪花，鱼儿跳跃期间。我的创意其实是在猜度设计师的创意，合则英雄所见略同，不合倒也言之成理。

　　创意不需要裁判，因为思想的火花本来就是灵动的。

飞跃冰河 / 欢庆胜利　　　　　　　　　　　技术指数 ★★★

图手创意

12

【创意手记】

　　崔健有一首歌《快让我在这雪地上撒点野》。在呼伦贝尔，我在雪地上撒野的方式是这样高高地跃起，仅此而已。但我的思想跃起的方式是创意 P 图，因为我从照片上看上去，羽绒服特别像飞行夹克，以此为创意原点，我把自己设定为一位盟军飞行员，当听到二战胜利的消息传来时，在地面上欢庆胜利。实际上，图像处理就是另一种意义上的虚拟现实，只不过是以 2D 的方式。

　　也谨以此作品向所有盟军战士致敬，正义无敌！

一个都不能少　　　　　　　　　　　技术指数 ★ ★ ★ ★

缉一乐图

13

【创意手记】

　　此人面对镜头那种感觉真是绝了，你不必教他如何摆 POSE，他总是把你最想要的做出来，与你高度扣合。于是我忍不住在朋友圈单方面宣布，此人是草雨手机图像创作的男模特。此件作品巧借张艺谋的同名电影名，这位精力根本用不完的青年人，十处打锣九处都有他。这个照片里也不能少了他。但要实现这个创意，技术上看似简单，实际上有点难度。

　　但愿我们都能以充沛的精力投入生活，每天开心。

重度烟斗癖   技术指数 ★ ★ ★

【创意手记】

　　坐下休息时，我是从他对烟斗的把玩上这样猜他的。他将别人的一支烟斗捧在手心，贴在脸上，抛上空中，衔在嘴角，这些不自觉的动作像是一场烟斗之舞，给我留下了非常深刻的印象。作品就是要表达一个人对烟斗的深度迷恋。这是一种体面而又健康的爱好。不过，此件作品技术上需要把不同的三张图片按照逻辑关系加以合成，而且是在手机上完成的。

何事惹恼丘吉尔　　　　　　　　　　　　技术指数 ★ ★ ★ ★

辑一乐图

15

【创意手记】

　　创意表达得依托强大的知识海洋，灵感才有不尽的源泉。作品的主人公是我的同事，他的坐姿和表情与照片中的丘吉尔何其相似。当时拍照的记者面对我行我素拿记者不当一回事的丘吉尔，上去扯掉了他叼在嘴里的雪茄。在惊愕与暴怒之间的那一刻，一件世界新闻和人像摄影名作就此诞生。

　　同事呢？我猜一定是工作又遇上了些棘手的事，正在凝神苦思。好在他身体好，抗得住，至少目前还有一头浓密的黑发！

"秒杀"陈坤　　　　　　　　　　　　　　　　　技术指数★★

【创意手记】

　　这个靓仔也是我的一位同事，北大毕业，参加工作还不到一年。平时不多言多语，但工作上活儿出得漂亮，玩儿似的，至于一身潮装更是标配，以本色示人。当时我给大家拍照，他往那一站就是专业模特的范儿，像极了被女粉丝们称为中国最帅的男演员陈坤。作品当时就完成了，技术上基本不用处理，主要靠人物以及将其连接起来的作品名称撑起来。

　　加句感慨：至少我们在工作之外面对镜头时不用再装了吧?

不问真假 只敬茶神

与陆羽一起品茶 技术指数 ★ ★ ★ ★

【创意手记】

　　唐代陆羽，一生云游天下品赏茶，晚年居江南研习茶，遂有世界第一本茶叶专著《茶经》三卷问世，被后人尊为"茶圣"。当今中国爱茶嗜茶者众，能与陆羽一起品茶，只能是神交中的事。我从一位朋友举杯敬茶的动作表情上，读到了他对茶的痴迷和崇敬。遂以图像作品助兴。图毕，举茶言欢，轻松尽现。

　　手机图像创作，让我们低门槛快节奏地进入另一个精神世界并自得其乐。

幕后高参 技术指数 ★ ★ ★

【创意手记】

很多时候，当你在内容上苦无创意时，先漫无目的地在技术上试试，也许有意想不到的效果。拍完这张照片后，我纯粹觉得好玩，现场就将两张图片合成，不过这在技术上远不是用一个合成软件那么简单。做完后效果非常逼真，很多人看不出是合成的。玻璃幕后，有人在高谈阔论，名称于是立马有了，作品遂完成。

技术先行是个硬道理，如同当今时代科技对社会的推动一样，许多难以解决的社会问题，在科技面前被证明都不是问题。

屋里屋外 技术指数 ★ ★ ★

辑一乐图

19

【创意手记】

　　毫无疑问，此件作品是合成的，但作品所传递出的艺术情绪却非常温暖。我当时陪同著名书籍设计大师吕敬人先生以及韩国坡州出版城一批客人去前海参观考察。一路在进行文化交流和项目洽谈，吕老师没有任何架子，和蔼可亲，大家都围绕着他聊。屋外走廊一灯如豆，屋里光线充足，你能感受得到被大师智慧所点亮的氛围。

　　知识使人睿智，而品德给人温暖。人生很短，盼与大师同行。

家有熊孩子

技术指数 ★ ★

【创意手记】

相信这件作品能触动很多人，当然最能打动年轻的妈妈们。一双儿女，令人眼羡，妈妈辛苦，几人知晓？真的是吃不上一顿清闲饭，这边厢照顾了女儿，那边厢儿子又把饭菜倒洒一地，或者把奶油抹了一脸。妈妈们左右难顾，分身乏术。这件作品胜在抓拍，由于杯盘凌乱，作了一些处理，让人物更加突出。似乎能听到图中妈妈一声尖叫——哎呀——嗬哟！

有许多图像创意，其实就在你的身边，时时刻刻。

辑一 乐图

21

店小二来着 / 失落的滋味   技术指数 ★ ★ ★

【创意手记】

　　在中国的许多家庭中，曾经是爸爸妈妈心头肉的小女孩，当家中迎来了小弟弟的时候，一下子跌入感情失落的漩涡。而这一切往往是在不被察觉之中发生的。去年春节期间，我与夫人去大哥家，孙侄女穿着漂亮的小红裙，在自顾自地跳舞。夫人下意识地搂着可爱的小姐姐，这时候，小弟弟丢下玩具，走上前来却又停下，站在旁边落寞地注视着。他可是体验到了失落的滋味？作品抓住了一闪即逝的人物表情，并以绘画方式加以艺术渲染。

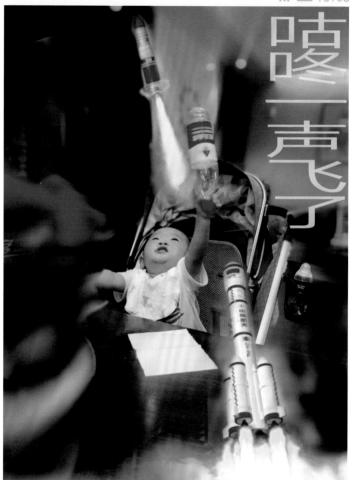

咕咚一声飞了

咕咚一声飞了 　　　　　　　　　　　　　　　　　　技术指数 ★ ★ ★

【创意手记】

　　这是我朋友家的小宝宝，孩子带得粗，不缠人，我们吃饭的时候他就在餐桌边的童车里自己玩。当他对一只矿泉水瓶玩得入迷时，我拿起手机悄悄等待着。啪，捕捉到的这个镜头十分传神。但若止于此，则仅是一件成功抓拍的孩子人物照，就算构图用光不错，也不属于我所谓的手机图像作品。当我瞬间找到创意点的时候，作品名称泉涌而来。现场的人都开心地笑起来。

　　因为，这个孩子的小名就叫咕咚！

光头何惧毛毛雨 技术指数 ★ ★ ★

【创意手记】

    这是我拍摄的一幅现代壁画经艺术加工后的效果，画面中的小和尚似乎刚来到城市中，天空飘着毛毛细雨，小和尚淡定地微笑着。如果把毛毛雨隐喻为城市对外来者倾泻的各种问题，但小和尚丝毫没有退缩之意，似乎山人自有妙招。

    小和尚有什么妙招呢？我理解这是一个脑筋急转弯的问题。他的光头根本不怕毛毛雨。头发都没有，何惧被淋湿？

辑一 乐图

23

借我慧眼 / 非诚勿扰　　　　　　　　　　　技术指数 ★ ★

【创意手记】

　　又是一菜两吃，拍摄的同一组人与物，主题一转换，便技术服从艺术，成了两幅独立的作品。其实西方文艺美学领域并不存在我们所称的形式必须服从内容的铁律，唯形式论、形式优先论等流派大行其道。退一步讲，主题变换了，技术仍可不变，但作品名称一变，仍可以通过人主观的审美活动引向作品的所指。这也是人类才具有的审美活动的有趣之处。

坐哪都能成佛 技术指数 ★★

【创意手记】

　　汉族没有宗教信仰，民族文化发育史上缺少了浪漫主义、理想主义这些环节，即使作为各民族文化源头的诗歌，汉民族也没有宏大的史诗。文学的缺乏导致宗教的务实主义和文化上的同化行为。既然橘南渡淮水而谓枳，佛进入中原便成为禅。既然可以"酒肉穿肠过，佛祖心中留"，那中国人又何必去较真呢，所以和尚不必在寺庙苦度，坐哪都能成佛。

笑比弥勒   技术指数 ★ ★ ★ ★

【创意手记】

    这件作品画面挤得满满的，创意却很简单，在于眼前这位身材、脸型和表情酷似笑口常开的弥勒菩萨的年轻人，满脸喜感，挺逗人的。他在加班，看来很享受工作。作品在视觉上极具张力，但请注意技术指数是四颗星。这就是手机图像作品的妙处，内容薄弱时技术可加强，内容和技术形成一种平衡关系即可，此强彼可弱，反之亦然。

26

图手创意

一比千年　　　　　　　　　　　　　　　　技术指数 ★ ★ ★

【创意手记】

作品取材于《说唐》。秦琼和尉迟恭两人原本各为其主，首次相遇交手，你三鞭我两锏战平，这便是民间流传的"三鞭换两锏"的说法。后来二人成为李世民手下的猛将，护佑李世民打下江山后，被百姓尊为门神。作品中，两位门神隔着门扉仍在相互用眼放电比试。历史文化和民间传说是文学艺术创作的宝库，可以产生源源不断的创意之泉，长流不息。

艳得俗了　　　　　　　　　　　　　　　技术指数★

【创意手记】

　　随手一拍，但一看这阵势、这色彩、这天气、这屋舍，就感到像是在北方甚至东北。那里颜色用得重，用得猛，甚至一些东北朋友来到深圳后，其穿着打扮仍然较为艳丽。那是需要一点勇气的呵。盖因为北方长年天寒，植物葱茏的日子较南方短，大自然长期处于颜色匮乏之中，这叫人如何受得了？于是人为地不自觉地加以弥补。完全猜度，别当真啊。

夜晚发生的对决   技术指数★ ★ ★ ★

【创意手记】

　　这件作品属于没有条件创造条件也要上的情况。女儿房的一张随手拍。有一天我忽然感到床角的罗马柱像一个背影，与对面的老 K 武士隔空对望着。于是我再 PS 两个人物的背影来凑趣，有东方的佛，有西方的大卫，并将其想象为一场内功对决。夜晚，当孩子入睡以后，另一个世界的精彩才次递展现，各式人物纷纷登场。这种想象，好莱坞电影中很常见。

笼中无鸟看我 我在笼外且从容

请君入笼   技术指数 ★★★

【创意手记】

    这件作品纯属搞笑。我的这位同事长得极具喜感，不入此书就浪费了。拍张什么图呢？我还没张口，这位干过影视导演的"王导"自己就演起来了，作品遂成，颇具笑点。

    文艺美学认为，悲剧多深刻，喜剧易浅薄。我把托尔斯泰的一句名言演绎一下：每个人的快乐都是一样的，而痛苦却各不相同。但问题在于，谁又想天天活在深刻的悲剧中呢？

没事偷着乐   技术指数 ★★★

【创意手记】

　　继续来轻松的，不就图个乐吗？此件作品内容创意不多说，重点说技术。

　　技术上像个系统工程，两张不同的人物照需要先各自作些处理，如人物换个方向，动作合符逻辑，空间相互呼应，色彩点染一致，一些空白处需要复制填充等等，这样才能拼在一起。比如前排那个空着的沙发是复制的，否则开天窗了。

解压之路   技术指数 ★

【创意手记】

  这件作品源自一张去公共厕所时的随手拍，我以黑白方式处理，谓之"解压之路"。何也？所谓人有三急，内急乃身体本能，不及时解除哪行？这世上还真有活人给尿憋死的，所以厕所问题实则为天大的小事。中国人喜欢委婉，上厕所谓之解手或者方便，完事则一身轻松，倒也准确、形象、生动。

  不知道职场中人对此图的感受，工作不也要解压吗？

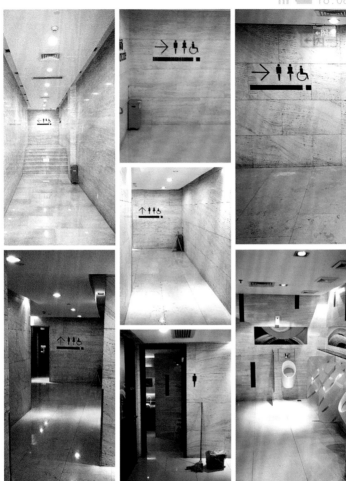

九曲通幽   技术指数★

【创意手记】

　　还是那次上厕所，七弯八拐的，真是转了这么多的弯，走了这么多的路，绝不瞎编。返回座位，琢磨着觉得有点意思，在大城市上趟厕所不容易呀，这个公共厕所设置在建筑物里面，好在一路装修得极好，让解压之路不觉得难受，但也绝不至于让人沿路欣赏吧。当我把这次厕所之旅以拼图方式呈现，"笑果"奇好。权当一乐吧。

还是靠着墙实在

技术指数★

【创意手记】

我在本书后记里介绍过，草雨手机图像的创作分成三种情况。这是典型的第一种，即非常普通的随手拍，让作品名称给撑起来了。技术上给一颗星，如果此作品让你会心一笑，那你就去膜拜标题党吧，他们厉害。

还是靠着墙实在，这话就不解释了吧。飘过……

马后炮　　　　　　　　　　　　　　　　技术指数★★★★

【创意手记】

　　上图小图本来也可以单独整成作品，作为乐图放着也行，但主要还是为了给下图一种参考。当时在呼伦贝尔一个冰雪覆盖的屯子，我们让这匹马拉着雪橇跑了一小圈，我退无可退，只能对着马屁股拍几张。如此视角的图片进行创作极难，我想到了"马后炮"这个词，最后终于 PS 成功。倘不说破，许多人竟看不出来。现在谁没事让马拖着一门炮满地跑呢？

偷师毕加索　　　　　　　　　　　　技术指数★★★

图手创意

36

【创意手记】

　　在大理图书馆，我将两张拍摄木制窗户和墙壁的图片组合起来，竟得到了这种效果。光线从儿童阅读区半圆的窗户透射进来，它的线条与这些几何形交织、重叠、反射、延伸，生发出无尽变化，诠释出阳光与绘画二者之间的关系，且现代感十足——岂止，是未来感十足。

　　此图后来再取名为《偷师毕加索》，意韵就更丰富了。

看不明白   技术指数 ★

【创意手记】

　　这件作品我得解释一下。图中，一个人在抬头张望，也许什么事情吸引了他，好奇心使他看了很久，也许还是没看明白。再看门洞上这几个字，左读右读也读不明白。这就有了喜剧效果：你看不明白之处，人家看你也不明白。其实这个世界，有必要凡事都看明白吗？

　　同样道理，对于草雨手机图像作品，没有必要都看明白。

先卖个萌   技术指数★★

【创意手记】

萌是当下的流行词。

图片上的这只羊，看情况已活了不小的岁数，见到人总是摆出老资格。它在呼伦贝尔高速公路旁的一处景点里走来走去，像是为主人看场子。见我拿起了手机，它像是知道我要拍照，居然走上前来——天哪，它向我卖了个萌！

动物们就是以这样的方式亲近人类，是我们的好朋友。

你比我凶，我比你乖 技术指数 ★ ★

【创意手记】

　　动物世界，以自己的本事求生存、打天下，这个本事是上天安排的结果。宠物世界，以取悦主人的本事求生存，离开主人其实什么也不是。这个本事是人类选择的结果。

　　所以，无论自己祖先原来有什么本事，无论自己现在的主人多么有本事，自己只是个动物，是个宠物而已。

　　你比我凶，我比你乖。

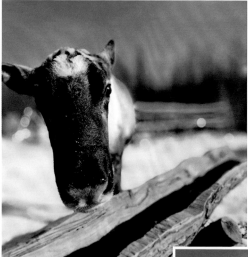

大概水被客人喝光了吧

无水之问 / 山下来客
技术指数★★

【创意手记】

　　人类驯养动物，取其温顺、乖巧、憨萌、可爱、忠诚、勇猛、勤劳等各种特质。在根河湿地国家公园，我们的越野车能够尽可能开到的地方，是一家鄂温克人扎的帐篷。他们以赶鹿为生，也养了一些其他动物，但那天他们忘了去山上放饮水，牛没水喝了，抬起头不解地望着我们，另一头牛则埋怨地看着我们的车。看来，我们被冤枉了。

图手创意

40

快把我P成灯影牛肉了

别再P了   技术指数 ★ ★

【创意手记】

　　它怎么知道我给它拍出了这种平面化的效果？这种效果看似颇富技术含量，过去专业人员也难以拍好，现在却非常简单。如同许多过去高深莫测的技术，现在却普及到整个社会一样，甚至越来越傻瓜化、平民化，消解了社会分工带来的神秘感和阶层感。其实这是目前许多手机自带的一种功能，即大光圈加动感滤镜。本书许多图片的这种效果，都是我用 P9 Plus 手机拍出来的。

肇事者的密谋   技术指数★★

【创意手记】

　　对于主人来说，养了经常闯祸的狗狗是件闹心的事。你刚为它们收拾完满地方撒的东西，它在那边又把什么给整翻了，摔碎了。你走过去，还没喝斥，它们已各自做出反应，让你一下子怒气尽失。我家两只小狗就是如此。

　　黑的叫乌拉，它承接自己闯祸的方式是收紧屁股和后背的肌肉，后腿趴在地上，降低身体重心，准备闷声挨揍。

最是那凝望你的眼

技术指数★★

最是那凝望你的眼

辑一乐图

43

【创意手记】

续前页。白的那只叫狗蛋，大凡惹了祸，它先用这样一种眼神瞧着你。如果你还怒气未消，它就夹着尾巴往沙发背后躲。如果未能当场溜掉，给逮住了，你还未扬手，它已叫得震天响，好像生怕左邻右舍不知道似的，让你下不了手。

有点意思吧，何况标题还用了一家杂志常用的标题体例，当然有意思。

撒丫子跑 　　　　　　　　　　　　　　　技术指数★★

【创意手记】

　　看上去院子不大，但对狗狗们来说，却是很大的一方天地，居然可以甩开脚丫子跑起来，欢乐自然相伴相随。作品动感十足，画面生动活泼，狗狗们的幸福时光跃然纸上。

　　想起了当年《深圳晚报》一篇体育新闻的标题《撒开黑脚丫 夺冠如摘花》，写的是黑人选手短跑摘冠吧。许多年后还能记住一则报纸的标题，谁叫我是学新闻的呢。

家长里短
技术指数★★

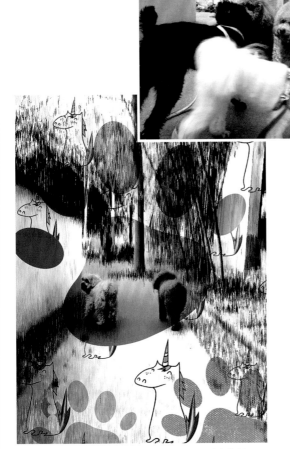

千里相送，终有一别　　　　　　技术指数★★

【创意手记】

　　狗狗们有自己的朋友圈和社交圈，它们渴望着被带出去散步，渴望着在路上偶遇邻居家的某某狗狗。当这一刻真的到来，它们那份喜悦无以言表，先耳鬓厮磨，再依依不舍。

　　这两件作品其实并无什么特别的内容，主要是靠作品名称抓人，把这么温情的标题往狗狗们身上一套，效果奇佳。尤其是上图《家长里短》，你们看后联想到了什么呢？

话说这一天，某小区单元门口一位猫星人把住了铁门，那威风劲儿，真把那对石狮子也甩了八条街。

偶尔走开，也是在门口来回巡逻，还双目如炬，那杀气如电光火石。难不成这是要跟谁掐架的节奏？

苦主终于现身，瞧来，一位汪星人蹑手蹑脚地想走出单元铁门，见喵星人那一夫把关万夫莫开的架势，始终不敢越雷池半步。

猫猫狗狗的那些事儿

技术指数 ★ ★ ★

【创意手记】

　　猫猫狗狗给了我们太多的乐趣，它们之间有什么趣事呢？正好逮上，图个开心。

最终，汪星人哭了，也许回家找妈妈去……

辑二　美图

时光碎裂
技术指数★

居有竹，心无邪
悦鸟性，空人心。

有竹则宁 技术指数★

【创意手记】

　　本辑谓之美图，但审美是人类最为复杂的综合性智力行为，美具有很大的主观性，即使审美对象从客观上来说确实美，但也有个人偏好的因素，何况还有大美不言这些情况呢。因此，审美是相当一件不靠谱的事儿，关键在引导。

　　竹因其挺拔向上和高风亮节而成为中国人喜爱的植物，让我们就从竹子的美图开始这次手机图像的审美之旅吧！

梦里不知身是客   技术指数★

【创意手记】

　　酒店电梯厅，图片外围高度虚化，暖色用得非常重，画面美已具备，用一句李煜《浪淘沙》的经典名句作为作品名称，整个作品立即活了。

　　我们绝大部分人都得天天为事业和生存打拼，世界上每天来来往往着商旅之人。诗人以梦为马，人在旅途，或客居他乡，我们只能以梦为家。

夜宿秦淮 技术指数★

【创意手记】

　　南京是十朝古都，纸醉金迷之处，最忆是秦淮。这个位于城南夫子庙的文化风光带，既是最接地气的市民生活乐土，又是文人骚客流连忘返的梦乡。

　　作品中的雕栏石桥旁具有历史文化气息的建筑，现在是一家酒店。寒夜宿秦淮，车灯入梦来。但愿这扰人清梦的车灯，只是召唤我们早起，去呼吸金陵秦淮更迷人的气息。

红雨随心翻作浪 / 冷眼幻象　　　　　　　　技术指数 ★ ★

【创意手记】

　　没错，这是在汽车里随手拍的。许多人会因照片拍出来是模糊的而弃之不用，而我却常用这种图片作为创作的素材。这正是一些作品所需要的效果。

　　红雨随心翻作浪，青山着意化为桥。上图的画面，美得令人感叹。而下图的作品则糅合了审美者的心绪，是主观审美的视觉表达。同样是美，同样心醉。

图手创意

52

夜色涂染车窗
有人窗外忧伤
何事相牵旅途
哪堪两鬓尽霜

路遇悲伤
技术指数★

雨夜一幕　　　　　　　　　　　技术指数★★

【创意手记】

　　人在旅途，最易感伤，主观的情绪常投射到审美之中。上图摄于高铁车厢内，我假设窗外那个人影是走出车厢不愿把悲伤示人的旅客，配上一首诗就有点意境了。下图则是透过挡风玻璃拍的，因为夜和雨，等红灯也可成为一件作品。

　　白晃晃利刃插下／钢铁和水泥血流成河／而雨还一直这样下／掩盖着城市的一幕幕／职场拼杀／明天，太阳照常升起

寒夜单骑人未归

技术指数★

【创意手记】

　　人的审美绝对受到气温等外在要素的影响，那就索性去想象吧：这单车的主人，可是个送快递的，干体力活的，买个醉的？……如果你自己有类似经历，你心底的共鸣就更大。

　　人的内心世界对于审美的影响更丰富。希腊神话中的美少年纳西索斯，因迷上自己的倒影而跌入水中，死后化作顾影自怜的水仙花。很多时候我们难以忘怀，是因为我们自恋。

明朝来此醉东风　　　　　　　　　　　　　　　　技术指数★

【创意手记】

　　醉东风，词牌名，清平乐是也。我猜度这家酿酒坊的老板是个好酒之人，所以在这里开了一个制酒作坊，以文化的名义生存了下来，生意不做大，只顾自消停。我又猜老板是个戏迷，不然为何贴这个对联，实则是想吸引一批戏迷。

　　醉东风，明天来。光看也醉，不醉不归。

　　好像闻到酒香了。

辑二 美图

55

酒不醉人人自醉   技术指数★

【创意手记】

　　酒不醉人人自醉，好酒不怕巷子深。还是这家酿酒坊，门外别有用心地摆着几坛酒，吸引路人和买家光顾。酒是个好东西，但喝酒之人有好有坏，所以是酒逢知己千杯少呀。酒从来不醉人。

　　文化人做起生意来有自己的套路，那是一种价值观。

小雨中的回忆   技术指数 ★ ★ ★

57

辑二 美图

【创意手记】

　　曾经风靡全国的《小雨中的回忆》是台湾校园歌曲的代表作之一，让刚刚走向改革开放的我们听得如痴如醉。歌声如一根丝带，将回忆紧紧缠绕。那时候，似乎小雨带来的一切都是美好的。空气是清新的，心情是清爽的，生活是清闲的，爱情是清洁的。

　　雨正酣，椅尤在，情调很美，但技术上有些难。

逆风而舞
技术指数★

迎风而立

技术指数★

【创意手记】

云南大理，苍山洱海。天高云淡，碧海凌波。亭亭玉立，临海凭风。迎风而立，逆风而舞。有美如是，岂恐有失？

此件作品之美自不待言，许多因素成就了如此美图。且一静一动的人物造型相得益彰，令作品充满生命。技术上相当简单，如果拍不出美照，会辜负很多⋯⋯

云儿之死 / 阿波罗之光   技术指数 ★★

【创意手记】

　　两件作品都是光的产物，美得令人心醉。上图，两朵云燃烧着落下山顶，而洱海之水波澜不惊。是的，这千年之水见得太多的美景。作品创意又借标题进一步提升。我在泰戈尔诗句的基础上，最终将其取名《云儿之死》，好像琼瑶剧的片名一样。至于下图，是迎着落日按的快门，光用得好，因为是太阳神亲自打灯。

天漏了
技术指数★★

图
手
创
意

60

花舞天韵　　　　　　　技术指数★★

【创意手记】

　　天漏了！这一作品名称带给人的岂只是震慑。如果它属于雄奇豪放的风格，那下图则充满了浪漫气息：蓝天丽日，碧空如洗。阳光抚慰着大地上的万物，画面中，一棵樱花树不禁翩翩起舞。

　　烈日如焰，白日灼心。只要心中没有阴影，就能勇敢地面对阳光。摄影如此，人生如此。

辑二 美图

61

天之瞳 / 天睁眼　　　　　　　　　　　　　　技术指数★★

【创意手记】

　　两幅图拍摄于不同的时间和地点，地处一南一北，大美的场景却是共同的。上图是在呼伦贝尔的雪原巧遇日晕，天际线上是牧马的身影。下图则是大理的洱海晚霞，刚巧云的形态如同睁开的一只眼。

　　常言道：老天有眼。常言又道：人在做，天在看。此作品正可谓绝配，提醒人们常怀敬畏之心。

极地落日 技术指数★★

【创意手记】

根河虽不是中国纬度最高的县，但却是中国最冷之地，录得的最低气温为摄氏零下53度。这件作品拍摄于根河县的一个小屯子，游客们都爬上土堆观赏日落美景。这太阳也是争气，从满天彩霞到余晖染金，从暮霭渐起到天光褪去。

不知怎么，这极地落日图总含有些许雄浑悲凉的色彩，尽管明天太阳照常升起。

白云之路可上九天 技术指数★

【创意手记】

　　根河国家湿地公园，这条笔直的路积满了厚厚的雪，白晃晃，软绵绵，与树林尽头的地平线相交，然后是蓝天。这样的白雪之路让人生出的是亲近之感，想顺着它一直走下去，在远处就能融入蓝天。

　　九天本是寒澈之地，但在如此纯净的白雪世界，它是一种令人向往的美好境地。

白云漫过山冈 / 冰封的记忆　　　　　　　　　　　技术指数★

【创意手记】

　　没想到在冬天的呼伦贝尔大草原还遇到了羊群，而且就从我们眼前慢吞吞地过去。这些羊个个圆墩墩的，挤在一起移动，像一团白云漫过山冈。如果上图是说呼伦贝尔天好地好草好，下图则勾起人们无尽的想象。这千年冰封的亘古河床下面，埋藏的可是怎样的记忆？画面中两个色彩鲜艳的人，让静态的画面点染出鲜活的生命。

雪地绝尘 / 雪花漫卷佳作飞 技术指数 ★ ★ ★

【创意手记】

冬季穿越大雪覆盖的呼伦贝尔草原并非易事，只有四驱的越野车才能通过一些深处的积雪。当一辆只有前驱的 SUV 终于冲过后，队长亲自驾着这辆最帅的车从远处再冲一次，然后急刹，甩尾，扬起漫天雪尘，专门让我们拍出佳作，这，算作弥补吧。技术上，此图需要启动目标跟踪功能。

下图，车在草坡上小憩。车静人欢，一切值得。

天大地大任我行 / 极简画风　　　　　　　　技术指数★★

【创意手记】

　　这里已与俄罗斯相邻，祖国北疆的神圣感油然而生。镜头下，天湛蓝湛蓝的，笔直而宽阔的大路伸向远方。在这样的环境和视野下，没有人烟，连鸟影也没有，偶尔过来一辆车，他们可以快速前行。真是天大地大，任我驰骋。极简主义属于北欧，而下图真像一幅画风极简的大地艺术。这两件以路为题材的作品，带给人一股粗犷豪迈之气。

冰河上的马车夫

技术指数★★

【创意手记】

　　不知怎么，看到这件作品就想起了苏联歌曲《三套车》，遗憾的是这马车只有一匹马拉着，车夫拉我们跑一圈后，正在边收费边与我们唠嗑。经过图像的艺术加工和处理后，画面完全是美到呆了，正宗的狗皮帽子、马鞭子、半个马屁股，正宗的东北气息。

生命中的 X 坐标 技术指数★

【创意手记】

此作品拍摄上不难，下午四点的阳光斜照着，最好拍人物。画面很美，颜色很跳，因为人物投在雪地上呈 X 的影子，创意就不一般了。

生命短暂，每个人都在终生寻找自己的定位，有的因此困惑迷乱。人到中年，这个念头愈发分明。走入雪原，放逐自己，也许在心无杂念、身无重压下能够冷静地思考人生。

瑞雪兆丰年   技术指数 ★

辑二美图

69

【创意手记】

作品是在呼伦贝尔大草原一个公园景点拍摄的。早晨，阳光从白桦林的缝隙中透射进来，雪地上投下了树的影子，画面充满了几何线条感。但凡雪景都很美，但这幅作品的创意却在于作为前景的景点指路牌，它们像个丰收的"丰"字。咱们中国人常说"瑞雪兆丰年"，作品正是扣合着吉祥之意——明年，应该是一个好年头。

追光一族　　　　　　　　　　　　　　　　　　　技术指数 ★

【创意手记】

　　　　大千世界，色彩缤纷。何谓色彩？色彩就是物质因其本身的分子结构对太阳光或吸收或反射后作用于人肉眼的结果。所以这满目色彩其实源于太阳，摄影其实就是对光的一场追逐、捕捉和记录，而现在越来越多的摄影旅游团，其实就是一批追光党——他们携带着长枪短炮走南闯北，起早贪黑，追光逐日。

蚀　　　　　　　　　　　　　　　　　　　技术指数★★

【创意手记】

　　在驾车穿越呼伦贝尔大草原雪地时巧遇大风，雪被吹成漫天粉末，遮天蔽日，地平线尽头的太阳看上去如同日蚀发生。我把越野车的尾部放进图中，既是构图上的一种需要，也是表达这样一种意思：像雪域、沙漠、戈壁、深海、星空这些领域，人类借助科技均已自由穿行了。

　　这个时候，我要感谢科技。

且有花草夜语   技术指数 ★

【创意手记】

　　这是一个风景小品，以拟人化的标题表达夜晚花草世界的一种可能性。白天，我们看到的花草是一个世界。夜晚，他们又是怎样的一个世界呢？要寻到这个答案，科学的做法是安装一部夜视摄像机全程摄录，而文学的做法则是展开人类浪漫的想象力。

　　这个时候，我宁愿感谢文学。

好大一泡茶   技术指数 ★ ★ ★

【创意手记】

　　这是深圳一条名为手造街的一件街头雕塑作品。一个巨大的茶壶微微倾斜，壶嘴还在往外倒水。雕塑本身就有些意思，作品再经过一些艺术处理，画面便更显美了。尤其是茶壶微斜，不停出水，这种动态与茶壶像夜空中的浮雕那种静态结合得妙，令人回味无穷。

　　请注意技术上我给的是三颗星哟。

灯影依旧桨声息　　　　　　　　　　　技术指数★★

【创意手记】

　　当年，年轻的朱自清与俞平伯夏夜泛舟同游秦淮河，二人相约各自以《桨声灯影里的秦淮河》为题写一篇文章，中国文学史上遂产生两篇佳作，也留下了一段佳话。

　　今日秦淮已大片改造成文化旅游观光带，夜晚灯光旖旎，游人如织。那种乘坐人力的木船画舫，提着灯、划着桨、摇着橹，咿呀哎呀、慢慢吞吞的桨声灯影永不再现。

秦淮月色   技术指数 ★ ★ ★

【创意手记】

    秦淮河是扬子江的一条支流，流经江南鱼米之乡，两岸扎堆住着历朝的达官富贵，尤以六朝为最。但于统治阶级来说，脂粉金陵带给他们的是薄如纸的命运，朝代频繁更替，家世兴衰盛亡。因此，写秦淮河的诗多是忧愁哀怨，看秦淮的月色多是凄清孤冷。但在老百姓眼中，凄美也是美。此幅作品就把月下秦淮河的这种凄冷之美浓烈地表达出来了。

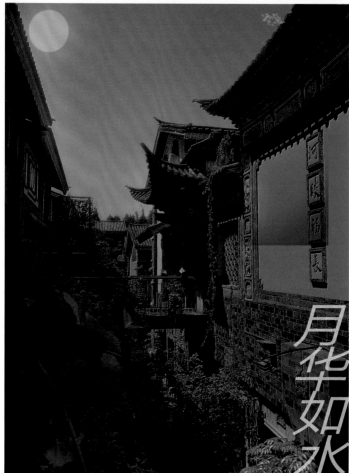

图手创意

古寺月光　　　　　　　　　　　　　　　技术指数★★★★

【创意手记】

　　同样是月光下的作品，此图不再是带有社会历史情绪的凄清之美，而是类似山中古寺那种宁静和纯静之美、超凡脱俗之美。而且这种美如水银泻地，弥漫着、充盈着、包围着、追逐着你，使你如痴如醉。

　　当日其实是中午，艳阳高照，经过技术处理，我完成了这件作品。大家注意，我给的是四颗星。

年味已浓　　　　　　　　　　　　　　　　　　　技术指数★

【创意手记】

　　这幅作品的美来自于摄影，后期不需任何处理。

　　阳光艳丽，但是和煦，亭子顶上已挂满了腊肉，年味已浓，忙了一年，该闲下来了。

　　农业时代，春耕秋收，夏休冬藏，有张有弛，节律分明。这样的生活，轻松，舒坦。

桨声橹影菜花香

技术指数 ★

【创意手记】

　　此图拍摄于江苏兴化一年一度的"菜花节",该节已有750年历史,目前规模之大,菜花以垛田方式堆积已逾千垛,也称"千垛(千岛)菜花",是全国最美的油菜花海。此作品从名称上就给你三个维度的信息:听觉上的桨声、视觉上的橹影和嗅觉上的菜花香,因此审美是复合式的,印象深刻。但游客太多,人声鼎沸,这也是国内任何景点都具有的中国特色吧。

婆姨的船儿我的梦   技术指数★★★

【创意手记】

　　菜花节期间，兴化的婆姨们纷纷出动，以统一的穿戴划船摇橹。她们系红头巾，穿碎花衣，每人一船，于是金黄的油菜花海上，又点缀和晃动着红、蓝等颜色，搅起一片旖旎水波。此情此景，自然容易想到张艺谋的电影《摇啊摇，摇到外婆桥》，想到台湾民歌《外婆的澎湖湾》。在孩子们心里，外婆最疼人，外婆的手臂就是永远的港湾。

星空恋曲   技术指数★

【创意手记】

　　如今举办文化活动也要靠创意，人间的内容已一网打尽，只得把创意想到了天上。为一项文化活动来助兴的已有 T 台时装秀，主办单位生怕不够，索性再把太空人嫁接进来。于是，太空人降临时尚 T 台，但模特们不为所动，也许她们与太空人仍然在不同的时空之中吧，否则会上演嫦娥与吴刚的故事。接着编。一曲星空恋曲，倒是天马行空了一回，好玩。

云时代，霓裳舞   技术指数 ★ ★ ★

【创意手记】

　　这是现代艺术还是未来艺术呢？模特们的短裙圆圆的，鼓鼓的，像一团云。借着这个思路，我索性把这团云夸大，并艺术化地加以旋转，使之看上去像是星云，也象征着我们所处的云时代。这是信息革命带来的云。

　　并非科技不能带来美，但科技的美更多需要借助理性的思维才能获取，它是对传统审美的一次决裂。

精灵之舞　　　　　　　　　　　　　　　　技术指数 ★ ★ ★

【创意手记】

　　蔚蓝的天，澄明得如同能看到太空的尽头。大地上，树在劲舞。什么力量才能让树如此幅度地舞动？不同的想象力会给出不同的答案。也许美国小男孩这样回答：这些树精们本身是从前太空船留在地球上的弃儿，今天天空如洗，他们看到了自己国度的太空船正从遥远的星空向地球飞来……想象力是一个民族腾飞的翅膀，永远不要嫌它幼稚和荒唐。

飞檐走壁   技术指数★

【创意手记】

　　要是我们又让中国的学生们就此图展开想象的翅膀呢？我似乎听见一个初中女生说道："蓝蓝的天空白云飘，建筑的檐，屋宇的梯，醉人的蓝……"这时一个小男孩就打断她，说他看到有人影刚从屋檐那里飞过。哦，原来只要天空有屋檐有钢丝（其实是电线），就有人飞檐走壁，书里这样讲的太多。

　　我无语。

辉煌的体育　　　　　　　　　　　　　　　　　技术指数★★

【创意手记】

　　这件作品难在发现，即看你有没有在杂乱的事物中发现内容、提炼亮点的能力，接下来才是如何表现这些内容，如何提炼亮点等技术问题。

　　这个立在路边的牌子其实是个指路牌，被南方的浓阴遮得差不多了。我被一片绿色中的一抹红色吸引，当时本能地感到有戏，能出活儿。果然，作品出来后，视觉效果特别好。

"墙裂"反弹　　　　　　　　　　　　技术指数 ★ ★ ★

【创意手记】

网络用语"墙裂"就是强烈的意思，大概取其谐音吧。这里，我倒是按字面去用这个网络词汇。画面上，一个运动员刚刚起跑、动作之快、力量之大，从他矫健的身姿和身体的动感就能感知到。因为，他的起跑器是一堵砖墙，是厚实的墙给予他强烈反弹的力量。

作品充满动感和力量感，视觉传递印象强烈。

素描透视训练 技术指数 ★

【创意手记】

　　火车站，站台，手机随手拍。后来发现彩色效果平淡无奇，改变为黑白，也不值得创作。遂放在一旁，直到另一张随手拍出现。那就是拍摄了地铁站的《水彩透视写生》。

　　视角的差异是中西方绘画最大的区别。中国画是散点透视，西方则是符合科学原理的焦点透视。透视遂成为西方绘画的基础，是素描和水彩的入门必修。

水彩透视写生   技术指数★

【创意手记】

    水彩虽然也是一个独立的画种，但在西方大多用来作为基础训练。从素描到淡彩素描，到水彩素描，再是真正的水彩画，基本功就是这样一步一步练的。

    创意需要一个过程，有时得让它飞一会儿。这两幅图片，当你都从绘画透视这个角度来看待时，发现它们都是透视训练，因此二者之间的逻辑关系就十分明显了。

歌剧魅影
技术指数 ★ ★

静物写生 技术指数 ★ ★

【创意手记】

　　这两幅作品都是水彩，摆放在一起言之成理。水彩具有独特的艺术魅力，它以水为颜色的介质，轻盈灵动，特别适合渲染气氛。上图是在深圳大剧院大厅一台晚会的主题背景板前所拍，改为水彩风格后，人影绰约，正好表现出演出前剧院里那种热烈而期盼的氛围。作品以美国百老汇名剧《歌剧魅影》为题，四个字就准确恰当地传递出了相关内容。

推开幸福那扇门 技术指数 ★ ★ ★

【创意手记】

　　深圳中心书城，玻璃门的红把手以及里面商店的红字广告红彤彤一片，非常喜庆。当时我就想一定要创作一幅喜庆的作品来。我从喜庆联想到幸福，阅读就是通向幸福的渠道之一。创作方向定下后，在接下来的半个月中，我不断收集外围资料，最后动手创作也经历了一个多小时才告完成。

　　推开幸福那扇门。做自己喜欢的事，也是推开幸福之门。

闲居坐看鹿回头

技术指数★★★

【创意手记】

　　"鹿回头"是海南黎族的一个爱情传说。一位年轻猎手追一只坡鹿，翻山越岭来到天涯海角。坡鹿无路可逃，蓦然回头，变成了一位凄婉动人的美丽少女……今天的三亚就因这个传说被称为"鹿城"。在文艺作品中，任何关于鹿回头的作品都非常美，此件作品画面也极美，其实我想传达的却是，坚定地追逐自己喜欢的目标，也能像鹿回头一样有着美丽的结局。

辑三　深图

径直出发   技术指数 ★ ★ ★

【创意手记】

　　此图拍摄于深圳机场。我时常出差，却也从未注意到地上有如此醒目的一条引导旅客的地标线，当时的视觉感特好，便照了再说。飞机还未起飞，创意就产生了。

　　无论个人还是单位，都希望事业顺遂，一路向前。径直出发，意即就这样走了，毫不拖泥带水，寓意十分美好。尤其是我所在的企业简称出发集团，简直是量身订做的。

星月传奇：一座城市的生长　　　　　　　　　技术指数 ★ ★ ★

【创意手记】

　　还是在深圳机场，国内出发厅前面旅客下车之处，我回身发现这群现代化建筑十分壮观，大跨度的飞檐伸过来，似一轮弯月，灵感便有了。

　　作品就以这片弯月为创意原点，以深圳机场代表这座城市传奇般的成长，应该是再适合不过了。技术方面不是太难，但处理画面时要有些耐心。

未来世界之门　　　　　　　　　　　　　　技术指数 ★ ★

【创意手记】

　　南京碌口机场，出机场口的建筑风格有科幻感，于是构思一幅印象派作品，取名未来世界之门，这个脑海中一闪即逝的念头便抓住了。手机图像创作，需要快，更不能懒。

　　目前，中国的机场、高铁站等交通设施在建筑上是绝对的高大上，虽不好说把国外许多大城市甚至超大城市甩了八条街，但无疑全面领先——创作外的一点感想。

星际旅行   技术指数 ★ ★ ★ ★

【创意手记】

　　苏州高铁站。这座建筑风格怪异，像凌空飞来的一只巨鸟，正在探寻脚爪着地之处，连翅膀都还没收。我当时老远看到它，心里就想，嗨，有了！

　　只稍作处理，这座车站就变成了一艘名为"星梭号"的宇宙飞船，赶高铁的旅客变成了星际旅客。这个想象自己都吃惊。但我相信，将来这个图景的实现，并不会让人们吃惊。

乌泱泱的人流是你的痛点　　　　技术指数 ★ ★ ★

【创意手记】

　　这两张图其实是一件作品，名称源于罗大佑的一句歌词，但准确恰当地表达出中国存在的人口问题。因为人口太多，国家的发展压力巨大，民生福利的改善也相对不易。

　　画面经过艺术处理，但还是能看出来是乘火车时从地下通道前往站台的人流。大家都疾步快走，携带着大包小包，沉默无语。中国，任何小事，一旦乘以人口数就是大事。

定格问路者 　　　　　　　　　　　　　　　技术指数★

【创意手记】

　　机场，一位男士在打手机，其身后刚巧是一幅广告。米兰·昆德拉在其新作《庆祝无意义》中提出"无意义才是生存的本质"。我们假设他正在接人问路，于是，无意义的时空交汇变成了一种有意义的言说：汽车在路上奔驰，奔忙于职场的人们在问路。同样，上图本身并不是一件作品，而只是让问路这件事变成有意义的一种陪衬，但路的尽头透着光明。

高大上之路   技术指数 ★ ★ ★

【创意手记】

　　还是机场，我等着这个广告第二次出现才拍下来，取名《高大上之路》，正好承接上页的《定格问路者》，下面透着光线的大理石路仍然是为作品所做的渲染。

　　这些年中国一路高歌猛进，建设成就举世瞩目。尤其是作为城市门户的机场和车站，高大上的建筑令国人自豪。作品是对中国特色社会主义建设之路的旌扬。

擎天卫士   技术指数★★

【创意手记】

　　摄于部队的大门前，以一株巨大而茂盛的树作为前景，准确表达出中国人民解放军是共和国的擎天支柱这层意思。以仰视之姿构图，色彩浓烈，透射出强烈的正能量。

　　技术上主要是要选好角度，我几乎是倒拿着手机从低往高拍，当时已不能直观取景，全凭感觉按下快门。

品牌的舞台   技术指数 ★ ★ ★

【创意手记】

　　写字楼一般会将入驻企业的品牌在醒目之处标示出来，这种场景我们习以为常。拍下这张图片时，我并没有任何想法。后来以跟自己赌气的方式去创作，遂有了这幅作品。

　　一流企业做标准，二流企业做品牌，三流企业做产品。当前，中国企业中已诞生许多优秀的民族品牌，它们应当放在聚光灯下展示和传播。

钢铁不语

技术指数★★

【创意手记】

对历史的反思尽管沉重，但也必须。20世纪的"大跃进"和大炼钢铁运动，从农业和工业两个方面承载着新生的共和国奋发的理想，想用一场与时间的赛跑尽快超越对手，实现国富民强。

当岁月成为回忆，历史已有定论。

钢铁不语……

凯歌已碎 技术指数 ★ ★ ★

【创意手记】

作为规模化大工业生产符号的超大厂房，今天已经静静地空落着，那些钢条铁皮杂乱地堆放，一个高歌猛进的工业文明，已经被或者正在被以信息革命为特征的知识经济击得粉碎。当人们从经典的文学作品中依稀缅怀农业文明的牧歌时，代表着工业文明凯歌的碎片正飞过我们的头顶。

凯歌已碎……

闪光的岁月　　　　　　　　　　　　　技术指数 ★ ★ ★

【创意手记】

　　岁月如河，岁月如歌。尽管有过挫折，但也曾经激越。这幅作品勾起人们尤其是 20 世纪 60 年代生人的无尽回忆，逝去的故事仍然有着亮点，理想主义在激情燃烧。

　　此图题名《闪光的岁月》，摄于一家文化产业园，我在后期作了一些艺术上的加工，加重了铁锈红色彩和图像的锐度，使人感到那是火红年代的印迹。

FRAGMENTATION OF THE MEMORIES ON HUNGER

饥饿回忆轰然碎裂   技术指数★★

【创意手记】

　　需要说明的是，这幅作品不像本书辑一《幕后高参》那样是合成的，而是本来如此。但也得做些图像处理，不然这种装饰玻璃后面的人是看不清楚的。

　　中国能够解决十三亿人的吃饭问题，这是人类历史上多么了不起的一件大事。过去那些吃不饱的记忆，如同餐馆中的这些玻璃一样，轰然已碎。

历史的坐标 技术指数 ★ ★ ★

【创意手记】

深圳许多产业园都在进行结构转型，过去为适应生产加工型产业而修建的大厂房，正在腾笼换鸟，引进新的项目。空荡荡的厂房正在等待着重生，历史会标注这个刻度。

作品对厂房的处理是黑白调，以体现出历史感。一个企业管理者站在空旷的地上，标注着历史的坐标。

走下神龛

技术指数 ★ ★ ★

【创意手记】

　　首先声明这可不是我 P 的图，而是在一个文化产业园拍到的即景。这个楼梯上面是产业园举办文化活动的场地，当时正巧刚举办完一场"心领神汇"的活动——无非是各路企业"大神""大腕"的一场专业对话而已。

　　稍作思考，想个标题，一件作品迅速产生。只是，作品中那几个字可不是好做的。

智者择良木而栖   技术指数★

【创意手记】

　　此件作品纯粹望图生义，牵强附会难免。

　　《左传》曾有"鸟则择木"之说，后人对此多有引述，渐至流变，但大同小异。罗贯中在《三国演义》中对此一锤定音为"良禽择木而栖"，也有说成"禽择良木而栖"的。

　　鸟如此，何论人？

天地之气 技术指数 ★ ★

【创意手记】

　　智者择良木而栖，与俗话所说的"近朱者赤，近墨者黑"异曲同工，都是警醒要慎交友，识良人。

　　问题在于择什么样的人相交？君子之交，敬如宾，淡如水，光明磊落，顶天立地。此件作品正好是回答上页的提问。现将这盏灯上的字抄录于下：

　　养天地之气，法古今完人。

别有洞天   技术指数 ★ ★ ★

【创意手记】

此件作品视觉上以图中心为焦点，采用径向模糊的方式，把人们的视线引向画面中心。屋宇森森红巾悬，精彩绽放小洞天。请君移步来观赏，莫畏狮子把门严。

哦，原来是一档少数民族的文艺节目在此上演。

也许，这些少数民族的文化需要特别厚重的保护。

归途如画   技术指数★★★

【创意手记】

　　作品用了图像合成的技术，恰如其分地表现出家园意识。此刻，这辆车静静地停在小区的围墙边，地上花砖的一半被处理成风光如画的大地，一条宽阔的道路从车底展开，蜿蜒着伸向远方。

　　汽车时代，纵然我们能够跋涉千山万水，家园依旧是我们身心回归之乡。归途如画，因为思家。

和平岁月   技术指数★★

【创意手记】

  这件作品需要解释。其实，花瓶是用什么材料做的，我全然不知，但我想当然地认为，它是用炮弹壳做的，或者是仿着弹壳造型做的。这本身就是一件含意深刻的艺术品，是对战争与和平的思考。

  有点主观，但谁也不能对他人内心的审美活动予以裁判。

  我思，故我在。

举起森林般的手　　　　　　　　　　　技术指数 ★ ★ ★

【创意手记】

　　此件作品内涵丰富，视觉传达强烈，但技术上很难。两棵昂扬的树，那勃发向上的开枝，使我在创作构思时有触电般的灵感。森林般的手，从草丛中伸出的手，意味着那是众多的、草根的、需要表达意见的个体和群体，对一种共同心声的抒发，对一种共同主张的赞同，对一种共同目标的捍卫。

　　举起森林般的手，以人民的名义。

人生的 T 台   技术指数 ★ ★ ★

【创意手记】

　　这件作品源于一场时装秀，这场时装秀是专门来为一场文化活动助兴的。助兴的节目非常精彩，尤其是结合背景板作一些故事性的表达，意义就大不相同。此幕正是其中一节，模特从 T 台上走向观众时，屏幕上出现的是一对男女携手走在一条弯曲但却平坦的大道上的画面，寓意深刻，正是：

　　相知相携不徘徊，人生之路作 T 台。

吞噬　　　　　　　　　　　　　　　　技术指数 ★ ★ ★

【创意手记】

　　城市因为下水道窨井盖丢失、损坏、被盗或别的什么原因，导致市民无辜受伤甚至死亡的事屡见不鲜。但血的教训并没有为这些悲剧打上句号。画面中，又一个没有井盖的下水道口，像一个可怕的黑洞，正在吞噬一切，而两个人正从画面上走了过来……

　　这是草雨手机图像对公益宣传海报的初步尝试。

图手创意

116

步履匆匆

技术指数 ★ ★

【创意手记】

　　正在运转的扶手梯，心有急事，站在电梯上还要迈步往上爬的打工妹——在这件作品中脸都未露也没必要露的一个城市劳动者的符号，进入作品的只是她的一只腿，由此把这个画面定格在艰辛而奋进的两个字上：匆匆。

　　匆匆那年，匆匆的她，匆匆的他，匆匆地来，匆匆地去。一切都在匆匆的步履之中。

行者如斯　不舍手机

仿孔子说　　　　　　　　　　　技术指数 ★ ★ ★

【创意手记】

　　《论语·子罕篇》写道，子曰："逝者如斯，不舍昼夜。"此句够经典，可以引用到今天的一些现象上。我随手拍的一张图，一个女孩从远处走过吊桥走向石板路，眼睛一直没有离开过手机。于是我把这些石板处理成手机的虚像。

　　除了睡觉和工作，手机几乎完全占领了人们的眼睛，男女老少一样，中外各国皆然。是得改改了！

梦露作品 1 号 技术指数 ★ ★ ★

【创意手记】

美国抽象表现主义绘画大师波洛克开启的行动派绘画风靡欧美。后工业时代，步其后尘者开始了匪夷所思的现代行动派绘画之旅，男性用下体的有之，女性用乳房的有之。假如玛丽莲·梦露也来一番行动派的绘画又会怎么样呢？我当时正在外办事，胡乱拍些照片当作素材，这件作品就是在一家红色基调的商铺图片上，根据这一灵感创作而成。

当悲痛已成往事　　　　　　　　　　　技术指数 ★ ★ ★

【创意手记】

　　我在深圳一家茶舍的角落里发现了这个木制的面具和藤制的艺术品，顿时百感交集。美国历史上所谓牧歌式的西进，实则一部印第安土著民的血泪史。但历史是由胜利者书写的，最后，印第安人躲进了文学作品中，躲进了艺术品店和老一辈人口口相传的零星回忆中。但是，当这些不能改变的容颜出现在华盛顿纪念碑前时，依然写满了悲痛和茫然。

目光阴郁   技术指数 ★ ★

【创意手记】

　　这只藏獒是一处旅游景点的宝贝，既是游客们照相的背景，又是看护财物镇住其他动物的头儿。尽管声明它不会咬人，但绝大部分游客只是远远地拿它当背景照照相，于是它也乐得清闲。我相信它不会咬人，等它逼得很近了才拍。随后就看到了这张照片，同时也看到了我认为不可思议的地方：

　　天哪，你看它的眼睛，目光依然阴郁！

羊羔碎裂的声音　　　　　　　　　　　　　　技术指数★★★

【创意手记】

　　这次吃的是非常地道的北方涮羊肉，图中像个大型机械的只是火锅的烟囱管和顶盖。我稍作改动，"搬来"一块玻璃并让它呈现被击中而碎裂的效果，在图的最下面则"唤来"一群正在吃草的羊。无疑，这些元素汇合在这里是想表达这样一种意思：我们每天都在对动物们屠戮。此刻，我似乎听到了羊羔像玻璃碎裂的声音。

食欲站在高高的山冈   技术指数★

【创意手记】

　　许多机场都把二楼辟为餐饮区，从出发大厅的地面上仰头一看，那些店招高悬在头上，向下俯瞰着旅客，而上图的《燃烧的食欲》则可以理解成是为下图配图的，也即打酱油的。

　　站在高高的山冈，有一种居高临下的感觉，在流行歌曲中，张惠妹和韩红分别唱过类似的歌词，用在此处倒也合适。

幽闭恐惧症的午夜视像 技术指数★★★

【创意手记】

作品的基础是出差时在酒店过道上随手一拍的照片。幽深的走廊空无一人，悬垂的球体如人脑海中的幻象。这或许是从一个幽闭恐惧症患者眼里所看到的图像。酒店、午夜，梦游者的世界，如此昏暗、深邃和密闭，更是幽闭恐惧者的梦魇。

此件作品的叠图技术用得较为娴熟。

THE LONELY WEEKEND

孤独的周末 　　　　　　　　　　　　　　　　技术指数 ★

【创意手记】

　　此件作品选择用高硬度的黑白图片表达，是考虑到作品的内容、气氛等因素。当时路过一家酒吧门口，酒吧设在二楼，门只是一个过道，去酒吧的人只能拍个背影，这就正好。

　　在庞杂的美学体系中，"顶点不美"是一个普遍适用的观点，当然这是高度口语化的表达。以此为例，拍摄"去酒吧"可能比拍摄"在酒吧"更有嚼头——审美，还是给想象多留点空间。

匍匐以待万古光芒   技术指数★

【创意手记】

  在众多的作品中，我对此作青睐有加，总感到有一种不能言说的力量渗透其间。作品拍摄于大理洱海边，太阳正在升起，金光万道，光线投射在我前面几块巨大的石头上。这些石头平坦光滑，像匍匐在地的神龟，虔诚地恭迎万物之主的来临。是的，在这亘古的太阳面前，一切生物都显得那么渺小。人亦如此，所以人类社会才有一些崇拜太阳的原始宗教。

舞动乾坤   技术指数 ★ ★

【创意手记】

太极是中华民族文化的瑰宝，哲学底蕴深厚，在此不予展开。此图拍的是一位功底深厚的太极老师的规范动作，后来稍微加工即成此作。太极常讲守住丹田，丹田守方能天地合。我选用的是一个用水墨画的阴阳鱼，充满动感，那黑白两眼正好在老师的手上。

丹田守而乾坤动，引申开来就是守住自我，舞动世界。

形者，三开也
开胯，开目，开脑

太极之形　　　　　　　　　　技术指数★★

【创意手记】

　　任何文学艺术作品，所表达的主题和内容都有作者主观的成分，这一点与科学无关。对于太极，我从训练厅墙上的一幅书法中突然有所领悟，遂以此作品表达我的看法。

　　这幅书法作品就一个大大的"形"字，龙飞凤舞，功力相当不错。形者，三开也，开胯，开目，开脑。

　　像是一个拆字游戏，老师以为然也。

几何世界，人生几何   技术指数★★

【创意手记】

　　这幅作品画面与标题加以配合，并以绿色作为主色调，更具视觉意蕴。

　　城市高速发展，楼宇越建越高，越建越密，物理空间窄小，使人感到非常压抑。这些建筑几乎又毫无个性，像一堆叠放的格子盒，让人感到单调沉闷。在这样的一个生存空间里，如何提升生命质量，是个问题。

似乎听到碎裂的声音 / 窥底　　　　　　　　　　技术指数 ★ ★

【创意手记】

哲学意义上的审美，实际上是人类精神世界与物质世界的一种对接。这里的美并不仅仅是人类视觉感知到并被共同认知的价值体系，否则何以解释波德莱尔的《恶之花》？审美，重在一个动词"审"字，这是人类才具有的复杂的脑力行为和心理过程，越是敏感细腻，越是旁门另类，越能有所发现。

以上两件作品，当从这个角度去理解。

生命的热舞　　　　　　　　　　　　　　技术指数★★★

【创意手记】

　　这是在根河国家湿地公园拍摄的，我作了一点艺术处理。底图仅作陪衬。阳光丽日之下，气温却是摄氏零下 25 度，夜晚之冷可想而知。在这片极地冰雪世界，北方的针叶林顽强地挺立着，坚韧地生长着。我想象着它们以自己对于生命的诠释，调动全部的能量在极寒之地来一场生命的热舞。

　　这也是一种生存的方式吧，越是艰难，越是挚爱。

城市夜色   技术指数 ★ ★ ★ ★

【创意手记】

　　这件作品技术处理的时间相当长，但结果令人满意，有人说像一幅现代印象派绘画作品。整体晃然一看，就是城市夜晚一片亮着灯光的建筑物剪影。但认真仔细一看，却是由这样几个字构成的：蓝湾半岛之夜，城市灯火森林。

　　科技让普罗大众可以无限走近艺术，带给人们以无穷的乐趣。下面几件作品权当一种现代派艺术尝试吧。

图手创意

132

城市幻象系列：
盘踞与覆压
燃烧与扭曲
烧融与崩塌
技术指数 ★ ★ ★

城市幻象系列：通天桥与愿望塔 　　　　　　　　　　技术指数 ★ ★ ★

【创意手记】

　　城市是人类文明发展的过程，也是目标，是我们生于斯长于斯的家园。城市不是钢筋水泥的堆砌体和各色人物的杂居地，它有自己的规则、文化和灵魂。城市在历练，在更新，在失去，在重生。

　　我们对城市魂牵梦萦，爱得极深，艺术是我们表达这种爱的方式。每个人都有这种权利，在科技的辅助下，也有可能。

巷深背影长
技术指数★★★

【创意手记】

　　到此，辑三"深图"该打上句号了，但我觉得这种人文思考之旅，打上分号更恰当一些，正如此件作品所表达的，巷深背影长，毕竟，前方充满光明。

辑四 企图

辑四为"企图"，此类作品或拍摄公共文化设施，或进行公益新闻尝试，但更多地是对一个创作主题经过认真企划后再实施的产物，体现为结构性的版块作品和系统性的序列作品。还有一些作品则是有意识地去文化创意产业园进行创意拍摄，最后拿出来的是鲜明区别于新闻照片和风景照片的人文图片。这就说明手机图像这种跨界艺术形式，内容的承载力相当之强。

——作者题记

现在，我带大家来到一个新的天地。手机图像的诸多优势在公益新闻、文化设施和富于文化创意元素之地得到了淋漓尽致的发挥。还是直接上图吧。

阅读之门 为您打开

大理图书馆

云南大理白族自治州，新近落成的图书馆现代大气，但购书经费缺口极大。深圳市阅读联合会的大理阅读之旅了解此情后，将发动深圳相关机构捐赠一批图书。

大理图书馆

陈琴，今年20岁，一位深圳晚报读者希望小学的受益者，去年入读贵州大学后利用寒假来深圳实习。

2017/02/20于深圳

当年的大眼睛姑娘图人还记忆犹新，像她们这样的女孩在中国何止千千万万，让我们帮帮她们。

大眼睛女孩

当年，一个大眼睛女孩的照片让全国人民强烈感受到边远贫困地区孩子们对上学读书的渴求，"希望工程"为此深入民心。这一天，我对面坐着的就是无数个"大眼睛女孩"其中的一个。

看着十年前的自己，陈琴
觉得变化真大。这座城市
就这样把她牵系起来了。

当年深圳晚报的副总编刘
深老师，正在手把手教她
电脑制图、影视制作的知
识和技巧。看来这个女孩
注定要与这个城市相融。

141

大眼睛女孩

前海行：
建筑的旋律

深圳前海，一个国家级的自由贸易试验区，正以新的深圳速度生长着，这里的现代建筑如音乐般醉人。

前海行：
建筑的旋律

小陶人系列：
紧急归队
争先恐后

深圳 2013 创客园的公共区域，一批小陶人顽皮生动，充满活力，与宁谧的园区相映成趣。淘气，还真是可爱。

小陶人系列：普大喜奔

即使知道"普大喜奔"是个网络用语，许多人还是不解其意。此词也作"喜大普奔"，顺着字面就好理解了，大概就是"喜闻乐见、大快人心、普天同庆、奔走相告"四个成语的首字相连。啊哈，亲爱的网民，I 服了 U！

这个词不仅喜庆，这个小陶人也真喜感。生活就应当这样，多一点轻松风趣，别整天拿工作忙压力大吓唬人。

小陶人系列：顽皮爸爸 / 我们来了

小红人系列：
沐浴之美
您里面请

源自深圳创意保税园的一些作品，同样带给你笑点。

　　羊城晚报社的广州羊城创意产业园占地面积巨大，以音乐创意产业为主，游园区要坐车，还有一座"火车站"。

羊晚产业园系列：
金羊献瑞
沿途小品

羊晚产业园系列：扩张的天空 / 基业的支柱

289 艺术园系列：
爱之光影

　　南方日报社的广州 289 艺术园，狭小空间匠心独运，到处是精心的创意，工作因此而精彩。

289 艺术园系列：创意的叠加 / 深"刻"的思考

秩序井然 规矩制

条框困危 化于无形

深圳 1980 产业园民治园区，文化底蕴与园区景观相生相融。

1980 产业园:
民治园区系列

从民治出发，特区 1989 科技文化产业园步伐坚定。在主体即将迁往之地油松，十多年前的厂房还很整洁，楼顶的字依然饱满，但 1980 选择了改造，让老园区再上台阶。今天的记忆。为此，手机创意摄影达人草雨先生奉献一组作品，以见证这一变迁。

1980 产业园：
见证变迁系列

1980 产业园:
见证变迁系列

石油松古村区1980科技文
化产业园与深圳出版发行
集团共建广东国家数字出
版基地深圳园区，打造成
为一个品牌好、服务优、
产值高的国家级产业园。

BOOK
深 | 圳 | 书 | 城

读书以及一切为读书所做的服务都是高贵的

书籍是人类进步的阶梯。
步入深圳书城，如同走入
一座辉煌的知识大殿堂。

耸立在深圳市中心的深圳书城罗湖城，是深圳书城的发轫之作，1996 年 11 月 7 日开业，并成功举办了第七届全国书市。二十一年来，深圳书城已发展成品牌化的系列书城，目前在深圳已开业四座，均是建筑面积逾万平方米的超大型书城，在中国乃至世界上产生了极大影响。

　　今天，实体书店在经受了网络冲击后已逐步走出低谷，做书店已然成为一门显学。罗湖书城也完成了内外重新装修，以漂亮的外观和优雅的内部环境迎接着一批又一批忠实的顾客。

　　南山书城作为第二代深圳书城，是区域化的文化 MALL，充分满足市民多样的文化需求。位于深圳的科技和教育强区，南山书城在图书品类和文化项目上突出科教文化特色。

现代建筑风格浓
郁，文化特色突出。

深圳书城旗舰店——中心书城，中国大书城模式的首倡者和领军者、深圳城市文化的大客厅和生活中心，当代书业现象级的文化景观。

中心书城被市民亲切地称为"城市文化的大客厅"。

夜色渐浓，中心书城灯火通明，24 小时书店更是通宵营业。

知识灯火点亮智慧。
正是因为书籍，人类
文明得以薪火相传。

书籍，是一座金山

宝安书城，深圳书城 4.0 版本，深圳西部隆起的文化高地。

宝安书城里的劳动者文学孵化中心

清雅的书吧

宝安书城建筑的
外观是几本叠放
的书，书架似小
蛮腰，亭亭玉立

未来，深圳书城
将会呈现"一区
一书城、一街道
一书吧"的格局

图手创意：关于图，关于人，关于书

（代后记）

曹宇

几乎所有人第一眼看到"图手创意"这四个字，都感到不知所云。在我道来原委之前，须先与读者达成一个共识：自20世纪信息革命发生后，人们的阅读选择进入了读图时代，随着互联网尤其是移动互联网的发展，又无可争议地进入了"手机为王"的时代。尤其是智能手机，因其使用的便捷性、拥有的普及性和功能的丰富性，以及微信等社交媒体的强势盛行而成为真正的王者，甚至被比喻为人体的第六器官。

读图时代，手机时代。请记住这两个关键词。

（一）

先从"草雨手机图像"说起。我把自己的作品称为手机图像作品，而非手机摄影作品。两者之间有同有异。相同之处都是用手机这种工具创作，都是法律意义上的作品，即文学艺术创造的成品，在著作权法中指"文学和科学领域内具有独创性并能以某种有形形式复制的智慧创作成果"。手机摄影与手机图像创作，都投射有作者的原创想法，并以图片这种有形的方式予以表达，至于能够复制更是不在话下。两者的区别同样清楚。手机摄影更多地以客体作为审美和创作的对象，新闻摄影更强调忠实客观，而手机图像则更多地强调主体意愿的表达，客观对象无非只是主观表达的一个载体而且并非唯一的载体。

智能手机功能之强大，已经不断在超越人们的知识边界。当一个武装到牙齿的手机党与你比试时，你真的发现并不占优。你比他设备好吧，他比你设备全，因为围绕着手机的外置产品多到就怕你想不到的程度，既便宜，也不差，至少应付手机那巴掌大的画面完全足矣。你比他干得好吧，他比你做得快。当你用"长枪大炮"拍完，准备回到公司用专业设备后期处理时，他早已在一边几分钟就在手机上完成了图片处理，然后就在微信微博还有啥的众媒体和自媒体上发出来了。然后，你看到这么多朋友圈、各种群也都在转了。你的东西还没出来，他则混得满堂喝彩。你要是拿摄影当职业，可能饭碗都危险——言重了，玩笑而已。不过，手机图像创作比专业主义具有更为广阔的读者对象，因为绝大部分的读者不需要专业、精湛甚至有些深奥的摄影作品或平面设计作品，他们发现手机图像作品可以作为一种轻松便捷的替代品，毕竟，他们的眼球被手机牢牢地占领着。

（二）

即使手机图像创作门槛极低，人人都会，譬如很多人在智能手机自带的修图软件上所做的事，也可视作一种最为初步的手机图像创作。但要称得上是真正的手机图像创作也非易事。它要求作者最好具有广博的知识、丰富的阅历、幽默的性格，必须掌握摄影知识、图像处理技巧和给作品起一个好名称的能力。它要求作品要有知识点、创意点等内在核心以及将其表达出来的外在形式，从而具备构成作品的要件。看到这里，吃摄影这碗饭的人大可长舒一口气了，因为手机党们基本上只是拍着玩，他们中的绝大多数竟不会使用任何修图工具，即使有点自我主题想予以表达，也可能因内容、技术和艺术水准方面的局限而难有质量。究其原因，器材和技术虽是基本因素，但手机的使用者是人，人的综合素质才是关键。未来绝不会出现手机党成建制地让专业摄影师下课的事。相反，如同经济学中规模效应扩大到极致后成本理论与供求关系理论发生反转一样，专业摄影师的作品将更加增值。

如此，就能为手机图像找到定位了：它是迎合当今时代特征而产生的，基于手机摄影和图像处理的，以互联网和移动互联网传播为主要渠道的一种新的艺术方式，是一种跨界的艺术，其成果是作品，而非产品。如果你的文化素质更高、社会阅历更深，那你创作的这种艺术作品就更值得期待，哪怕是一次酒店住宿、乘车经历、美食体验和城市梦游，都可以用你的知识结构、思想深度、观察能力、审美技能、文字功底、艺术水平和图像处理技术将其打通，创作出一件件优秀的手机图像作品。跨界的结果是事事而心动，处处皆可为。

（三）

我的大学和研究生教育学的是新闻业务，毕业后来到印刷设计业特别发达的深圳，工作履历是 15 年的公务员和 13 年的国企管理者。看似简单吧，但我在 1992 年就渐渐地对印刷设计入迷了，动手设计过一些画册。当时的印刷设计远没有今天这样发达，需要先在电脑上或打字机上植字，即完成字号字体输入，再输出在一种相纸上。接下来是将这些字按内容割开，贴在一种带尺度格子的专用纸上，并配图、标色，这叫作墨稿，因为这种墨稿上全部是用黑白的文字叙述表达你的设计要求，图片也只是注明位置和大小，一切都是间接的。然后再送到专业公司进行电分、打样，再由印刷厂制版印刷。也许，当初这种并不直观的视觉历练反而提升了我的设计能力，我对视觉传达非常敏感，对视觉艺术作品非常喜欢，常常观赏这方面的专业展览，也有幸与深圳的一批视觉传达和设计界的名家们过从交往。

直到有一天我用新买的一部 P9Plus 手机开始了我稚嫩的手机图像创作。先期作品几乎就是手机摄影后用自带的工具以及该手机内置的美图秀秀软件修一修图，接下来是下载了几个免费图像处理 APP，并开始了痴迷而疯狂的手机图像创作。这些作品技术不断成熟，质量逐渐提升，内容日益丰富，题材愈加广泛，在我微信朋友圈和一些群组分享后广受好评。这就是"草雨手机图像作品"——深邃的思想，娴熟的技术，丰富的表达。想你未想，看你未看，做你未做。

再直到有一天，我萌发了将这些作品选其精要结集出版的想法，虽然自己深知水平不够专业，质量不甚满意，尤其是创作之旅非常短暂，但如果从在大学开始学新闻摄影为起点，我学摄影已 30 年了；如果要论给作品取个好名称与做新闻标题异曲同工，我在中国顶级的新闻院校接受了本科和硕士共七年的新闻业务专业教育，深知做标题是今后的看家本领，不敢怠慢；如果从我在深圳开始着手印刷设计算起，也有 25 年的时光，期间有多少目前印刷设计界的大腕当时也才刚起步甚至还未入江湖；如果把我在深圳宣传文化界工作所得到的历练和中国出版发行界所积累的经验算在内，那也是一笔异常丰富的资源。因此，我得以有信心将我短时期内创作的作品付梓出版，基于的是我这种独特的个人经历和爱好，以及特长和潜质等等。从这个意义上说，草雨手机图像，实则是我 30 年人生的厚积薄发。

（四）

现在可以回过头来解释何以此书取名"图手创意"了——这个书名本身就充满了创意。一则表明这些作品是图像与手机结合的产物，是读图时代和手机时代所产生的交集，适合普罗大众阅读。二则传递出作者是一位擅长手机随手拍和图像处理的能手，成熟如此之快，除了自身履历的优势之外，这种艺术形式门槛相对较低，容易上手入门，并迅速提升水平。三则"图手"二字与"徒手"谐音，手机与专业人士的精良配备和工具主义完全无关，与其相比几乎与空手相若，表达出手机给人们带来的那种便捷性，从而激发读者也参与到这种新的艺术实践中来，不图个啥，自娱自乐足矣。

事实正在证明我的这一点看法。自草雨手机图像作品在微信朋友圈少量发表以来，不断有人问我，这张图片是如何拍摄的，用的是什么软件，是手机拍的吗，真的都是在手机上编辑制作的吗，能否教教我们，等等。还真有一位朋友，专长是画画，想把摄影也捡起来，于是买了一部入门级单反挤进专业摄影发烧圈。不久淡出，问其原因，说她的这部单反都不好意思现场拿出来，拍来拍去成了比拼器材，没有创作的快感。再不久，她在朋友圈里说，换 P9 了。

完全在智能手机上进行拍摄和图片编辑，赋予我极大的灵活性和便捷性，加上创意思维和知识底蕴的双轮驱动，草雨手机图像作品犹如脱僵之马奔腾而来，题材也不受时空限制。一般来说，我的作品分三种创作情况：第一种是以摄影为主构成的，拍摄时已有个蒙眬的方向甚至初步的名称，拍摄只是尽可能在构图、用光和时间点上努力做得更好。第二种是拍摄后找不到灵感，先作为素材积累储存在手机里，随时看看是否有新的想法。突然哪天有了灵感，或者融合了我拍的其他图片后就具有了成为作品的条件，再行创作。第三种是根本没有成为作品的条件，但我就是与自己过不去，没有条件创造条件也要上，十八般武艺都用，硬生生地创作出作品来。这种创作的过程真可谓痛并快乐着，有的需要七八道工序，历时一两个小时，从网上找些免费的东西作为辅料，甚至再去补拍，等等，失败几次都是稀松平常之事。在这三种情况中，作品名称的确定非常重要，如果将其量化，我个人认为占到一件成功作品的 30% 左右。往往是一个令人叫绝的名称让第一种情况的作品乌鸡变凤凰，让第二种化腐朽为神奇，对第三种情况而言，则是锦上添花。

（五）

现在说回到书。本书入选作品，打破了按题材和对象分类的传统，而是按作品的内容性质来分类入章，而且在同一章中，作品的先后顺序也有着一定的逻辑性，这样本书就体现出一种策划意识和整体性。

全书共四章，我称其为辑。

辑一为"乐图"。此类作品但求给大家带来开心一笑，为生活添彩，给工作减压。没有什么宏大的叙事，也无需严肃的解读，更不要对号入座。辑二为"美图"。此类作品或传递有情调的主观心绪，或营造有格调的生活气息，或传播有档次的文化品位，或构建一些有意味的艺术体验，正如英国文艺批评家贝尔那句名言："美是有意味的形式。"辑三是"深图"。此类作品以社会、生活、事物、哲理等为创作元素，予以一定的思想内容表达，万千意蕴尽在其中。辑四为"企图"。此类作品或是对一个创作主题企划后的产物，体现为结构性的系列和板块作品，或是受一些朋友相邀，专程赴现场拍摄的，但却是有别于新闻照片和风景照片的人文图片，当然就以文化创意产业园居多，甚至还有些作品是对公益新闻的尝试，说明手机图像这种跨界艺术形式，内容的承载力相当强，将来是一个极为广阔的发展方向。

根据本书策划，原拟每一页的"创意手记"只是简单介绍作品产生过程、艺术特点并予以简短的阅读引导，但后来在写作的过程中，变成了与图片作品相映成趣的人文随笔。有人试读后感到这些文字与作品若即若离，内容丰富，本身就很精彩，而且这种方式也是一种创新。

于是我就逼着自己这样写下来了，为此工作量大增。

既然属于一本创意类的图书，本书在装帧设计上亦力求出新，完全比照着智能手机设计，同时也不能浪费手机的科技含量，这就是利用微信公众号把本书联结起来，读者加关注后即可在微信订阅号"草雨手机图像坊"中看到未能入选本书的其他值得一看的作品，以及我今后源源不断创作的新作品。从这个意义上说，本书将在纸质本以外实现拓展阅读，是一本试图使传统纸质图书在空间维度和时间刻度上消融物理边界的"书"，刚刚打开，不再合上。

（六）

这篇代后记其实是一篇专文，确实太长，现在才是真正一篇后记需要写到的文字。

一是需要说明三点。其一，本书所选的人物作品，基本上可将作品中的人视为表达作品内容的符号性载体，不具有实质意义。但为免后续事项，以我本人以及亲朋好友和同事为主，且仍然事先征得其同意。其二，本书所有作品，主体构成部分全部为作者自己用手机拍摄的图片，个别经过合成的辅助元素来源于网络等开放免费渠道。其三，本书所有作品的原图摄影以及后期的图像处理均是在手机上完成的，尽管同样的图像处理软件电脑版比手机版功能强大得多，而这些 APP 同样均是由网络等开放免费渠道获取的。手机图像作品，若非在手机上完成，似与欺诈相若。

二是需要感谢的人和单位。首先是我的家人，因为自迷上这门创作艺术后，我不断地为手机添置辅助物件，大多是网上购买，我遂成了好多快递员知晓的网购达人。这些东西有用没有地堆了一大片地方，我还经常拿出来钻研摆弄，一向整洁的屋渐渐凌乱起来。而夫人竟忍下来了，这就是最大的支持。其次是一批为我点赞、提出意见甚至参与此事的亲朋好友和同事，他们绝非我雇的托，而是真的喜欢并容忍着我前期作品的粗糙和简单。尤其是我多年的好友、文化学者胡野秋，他一早就对我的这种艺术探索坚定支持，对本书策划提出了许多金点子。相交者，相知也，我认为替本书写序非他莫属。这些遂成为我加快成长的动力。再次是像我所在的单位以及 1980 公司、图书馆这样的企业和机构，他们给我以免费实践的机会，使我得以形成独具人文色彩的企业作品。最后是人民美术出版社。作为国家级的专业美术出版机构，他们见过及出版过的好作品、接触过的大师名家何其多也，但他们对我这种新的艺术探索以一种宽容、支持和鼓励的姿态。我正是在这种出版的承诺下坚持创作，日渐提高。

　　网上发言一般怕啰嗦，挂在嘴上的一句话是"直接上图"，好在这些图已在此文前面上了，到此打住。

2017 年 6 月 29 日于深圳第五园

图书在版编目（CIP）数据

图手创意：手机时代的跨界艺术 / 曹宇著. —— 北京：
人民美术出版社，2017.8
ISBN 978-7-102-07751-2

Ⅰ.①图… Ⅱ.①曹… Ⅲ.①移动电话机—摄影技术
Ⅳ.①TN929.53

中国版本图书馆CIP数据核字(2017)第174137号

图手创意——手机时代的跨界艺术
TÚSHŎU CHUÀNGYÌ —SHŎUJĪ SHÍDÀI DE KUÀJIÈ YÌSHÙ

编辑出版　人民美术出版社
．（北京北总布胡同32号　邮编：100735）
．http://www.renmei.com.cn
．发行部：（010）67517601　（010）67517602
．邮购部：（010）67517797
著　者　曹　宇
责任编辑　邹依庆　张　舒
责任校对　魏雅娟
责任印制　刘　毅
制　版　朝花制版中心
印　刷　北京彩和坊印刷有限公司
经　销　全国新华书店

版　次：2017年7月　第1版　第1次印刷
开　本：787mm×1092mm　1/32
印　张：16
印　数：0001—5000册
ISBN 978-7-102-07751-2
定　价：58.00元
如有印装质量问题影响阅读，请与我社联系调换。